吴鹏——著　刘玥——绘

欢迎乘坐宇宙飞船

中信出版集团 | 北京

图书在版编目（CIP）数据

欢迎乘坐宇宙飞船 / 吴鹏著 ; 刘玥绘 . -- 北京 :
中信出版社 , 2024. 8（2024.12重印）. --（出发！去太空！）.
ISBN 978-7-5217-6699-8
Ⅰ . V476.2-49
中国国家版本馆 CIP 数据核字第 2024DY9872 号

欢迎乘坐宇宙飞船
（出发！去太空！）

著　　者：吴鹏
绘　　者：刘玥
出版发行：中信出版集团股份有限公司
　　　　　（北京市朝阳区东三环北路27号嘉铭中心　邮编　100020）
承 印 者：北京启航东方印刷有限公司

开　　本：787mm × 1092mm　1/16　　印　　张：3　　字　　数：75千字
版　　次：2024年 8月第 1 版　　印　　次：2024年12月第2次印刷
书　　号：ISBN 978-7-5217-6699-8
定　　价：99.00元（全5册）

前言

“航天人的梦想很近，抬头就能看到；航天人的梦想也很远，需要长久跋涉才能实现。”

中国人的航天梦已行千年，从女娲补天、夸父追日开始，到今天“嫦娥”揽月、“北斗”指路……我们从浪漫想象出发，脚踏实地，步步跋涉，终于将遥远的飞天梦想变成了近在咫尺、抬头可望的现实。

其实，筑梦星辰离不开我们的基础物理学，是物理学为我们架起了向太空探索的阶梯。

“出发！去太空！”系列在向孩子们展示航天领域前沿技术成果的同时，也为他们介绍了这些科技成果背后的物理知识。全套书共 5 册，分别以火箭、卫星、飞船、探测器、空间站为主题，囊括了当今世界上各种先进的航天器。我们以中国当下最前沿的航天器为代表，在书中回答了孩子们好奇和关心的一系列问题。比如火箭发射时为何会腾云驾雾？卫星为什么不会掉下来？飞船返回地球时为什么会着火？航天员在空间站是否要喝尿？而这些小问题的背后，其实也都蕴含着物理原理。

宇宙飞船是载着我们人类飞入太空的交通工具。在这本书中，我们将在神舟飞船返回地球时的熊熊烈焰中，学习物质三态变化等有趣的知识；在简单的实验中，体验航天员在飞船中的失重感……当然，我们还将跟着蓄势待发的新一代载人飞船，迈向新的宇宙征程！

我们希望这套书不仅能启发孩子从物理学的视角去认识世界、解决问题，更希望它能像一粒种子，在孩子心中种下“上九天揽月”的壮志，让未来的他们能有机会为“科技自强”写下生动的注脚。

-第一章-
航天员是乘坐什么去太空的？
自立自强
创新超越
向航天员学习！
等你们凯旋！
2023 年 5 月 30 日 9 时 31 分，搭载神舟十六号载人飞船的长征二号 F 运载火箭点火发射，奔赴天宫空间站。
小拓展
航天员可以戴眼镜吗？
1.火箭发射
2.到达空间站
在飞船发射和返回阶段，航天员是不戴眼镜的。因为飞船发射和返回时震动较大，如果航天员戴着眼镜，眼镜可能会与舱内压力服的面窗发生碰撞。
在轨道飞行阶段，航天员戴眼镜是没什么问题的。

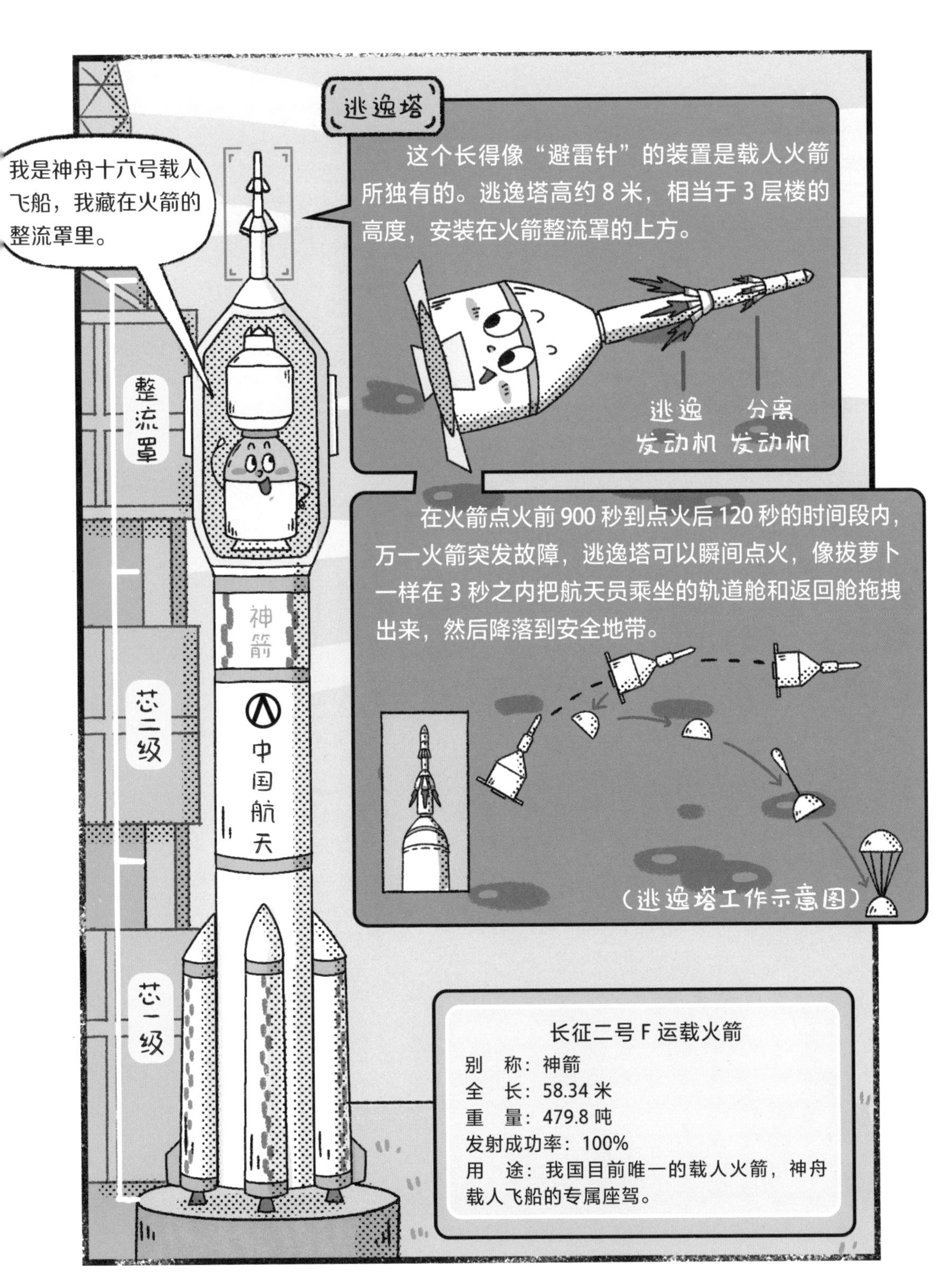
我是神舟十六号载人飞船，我藏在火箭的整流罩里。
逃逸塔
这个长得像“避雷针”的装置是载人火箭所独有的。逃逸塔高约 8 米，相当于 3 层楼的高度，安装在火箭整流罩的上方。
逃逸发动机
分离发动机
在火箭点火前 900 秒到点火后 120 秒的时间段内，万一火箭突发故障，逃逸塔可以瞬间点火，像拔萝卜一样在 3 秒之内把航天员乘坐的轨道舱和返回舱拖拽出来，然后降落到安全地带。
（逃逸塔工作示意图）
整流罩
芯二级
芯一级
神箭
中国航天
长征二号 F 运载火箭
别　称：神箭
全　长：58.34 米
重　量：479.8 吨
发射成功率：100%
用　途：我国目前唯一的载人火箭，神舟载人飞船的专属座驾。

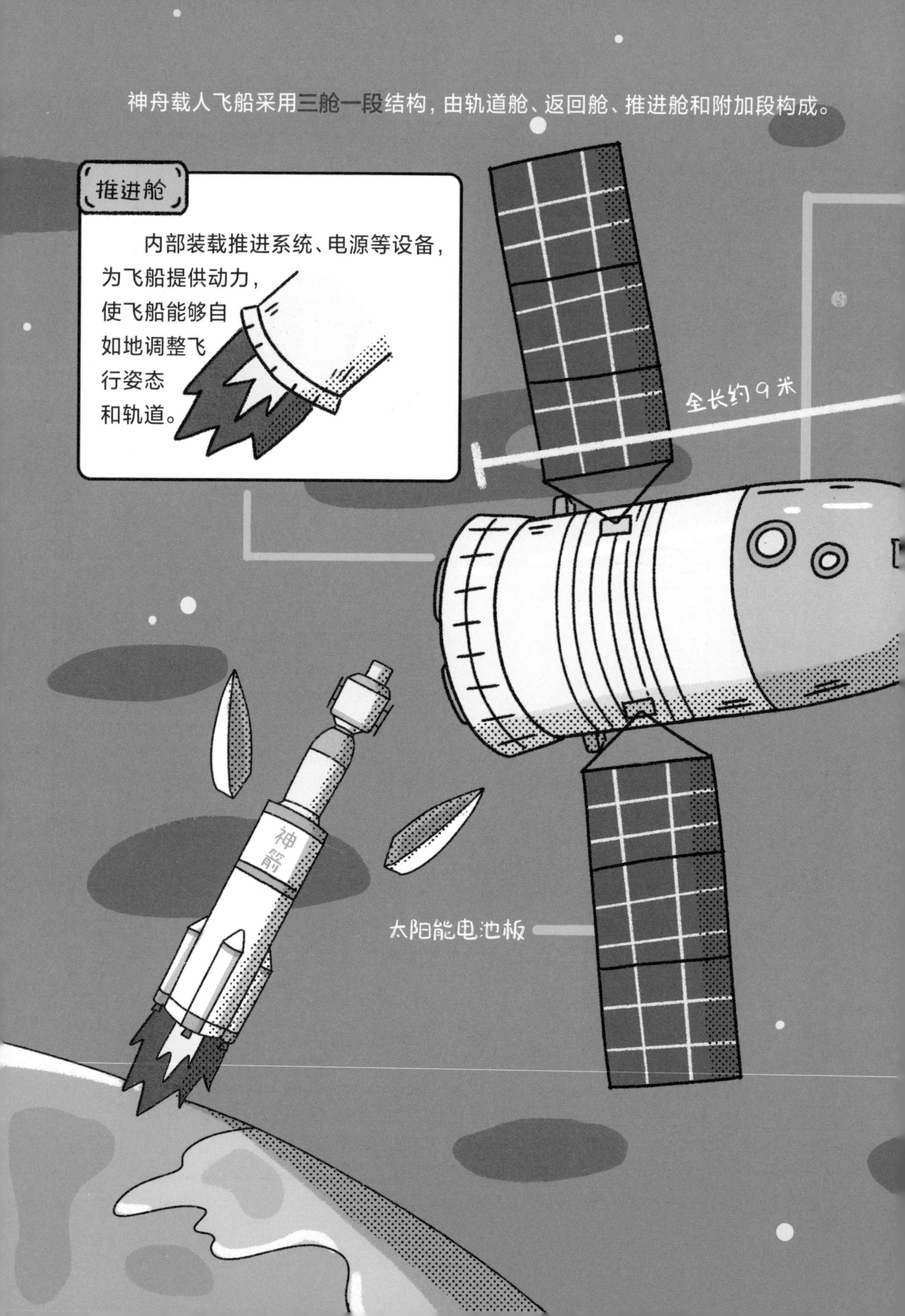
神舟载人飞船采用三舱一段结构，由轨道舱、返回舱、推进舱和附加段构成。
推进舱
内部装载推进系统、电源等设备，为飞船提供动力，使飞船能够自如地调整飞行姿态和轨道。
全长约9米
神箭
太阳能电池板

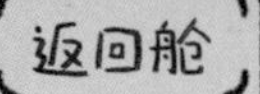

返回舱

· 这里是航天员的“驾驶室”，内部设有 3 个可斜躺的座椅，供航天员在飞船发射和返回阶段乘坐。

· 返回舱位于飞船中部，外形呈钟形，表层由耐高温的特殊材料制成。

附加段

· 也叫过渡段，可以与空间站交会对接。

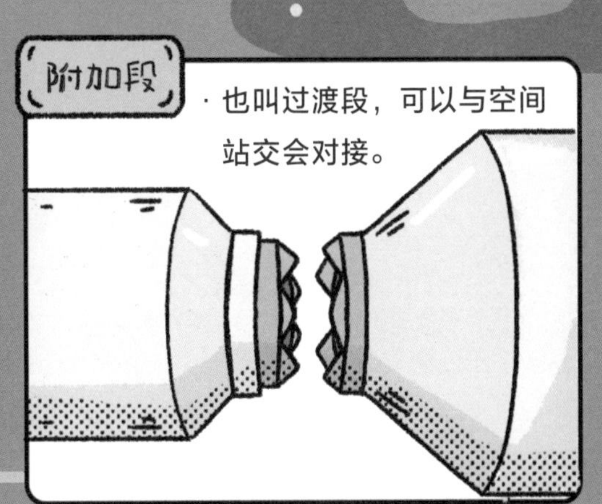

轨道舱

· 这里是飞船进入轨道后，航天员生活和工作的地方。

· 舱内备有食物、饮用水，以及大小便收集器这类生活装置，还有空间应用和科学实验用的仪器设备。

· 轨道舱的环境很舒适，舱内温度一般为 17 ~ 25℃。

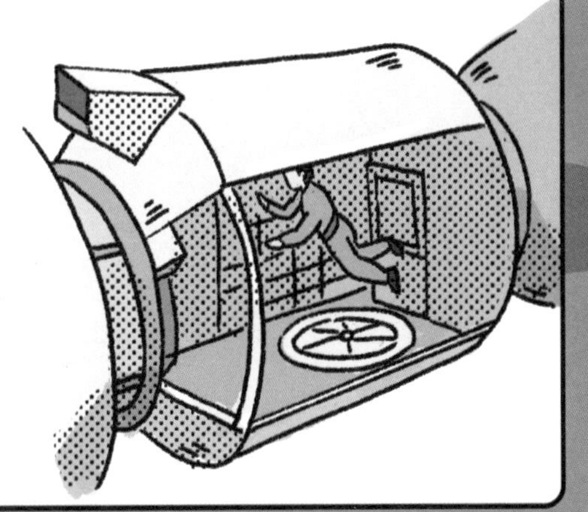

“神舟”意为“神奇的天河之舟”，与司马迁《史记》中“中国名曰赤县神州”，即神州大地之“神州”同音。

2023 年 5 月 30 日 16 时 29 分，神舟十六号载人飞船成功与天宫空间站的天和核心舱径向端口交会对接，整个对接过程只用了约 6.5 小时。
自主快速交会对接
径向端口
我们等你们很久了！
空间站我来啦！
接下来，神舟十五和神舟十六两个乘组将在空间站进行在轨轮换。

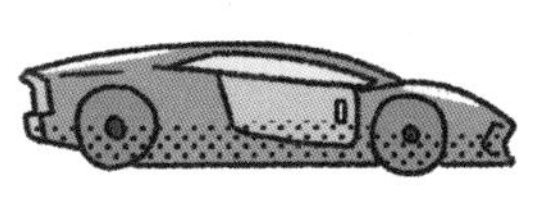

空间交会对接是指两个或两个以上航天器实现轨道交会并完成对接的过程，就像“万里穿针”，难度极大。

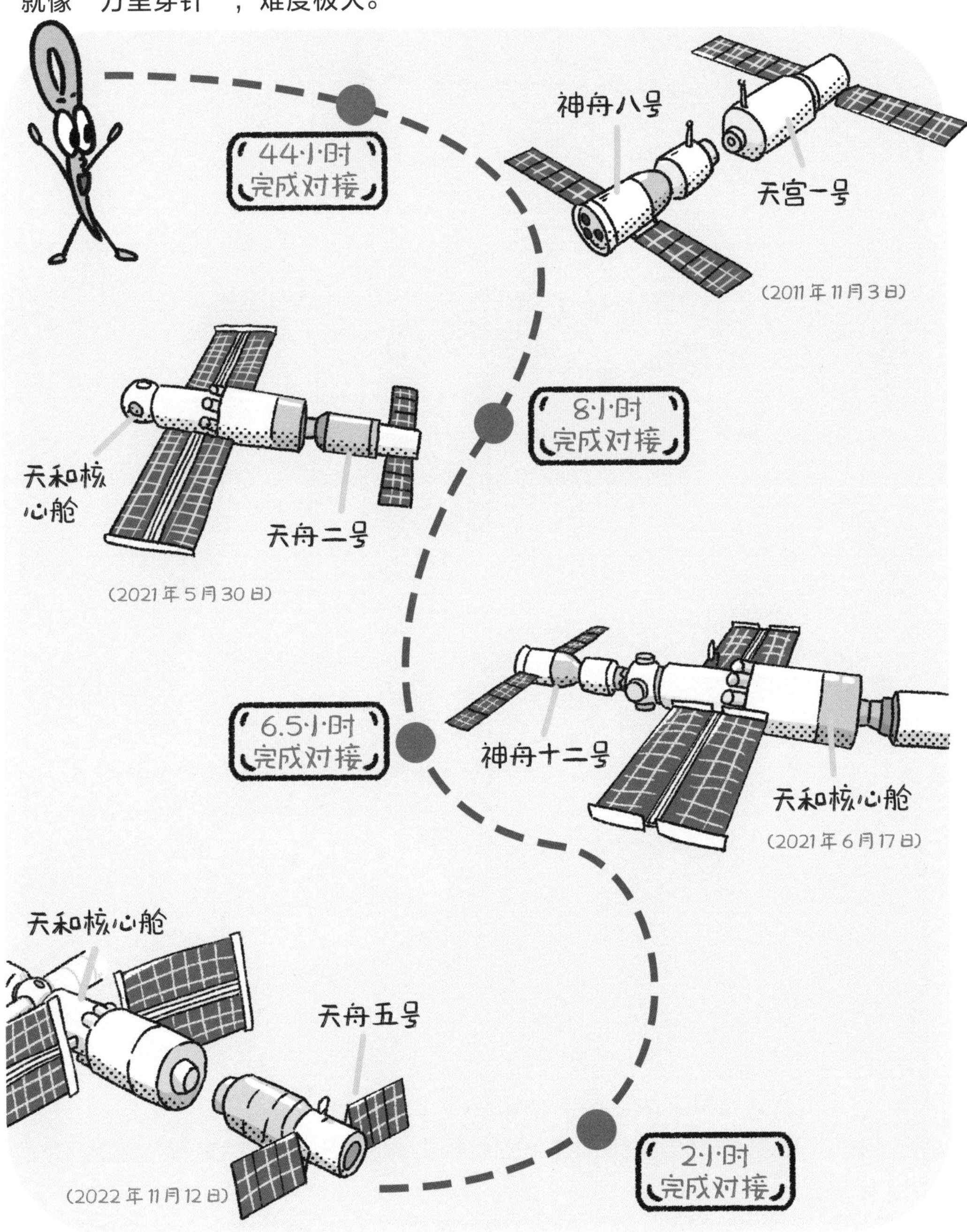

返回舱在进入大气层时会做自由落体运动，与大气发生剧烈摩擦，产生超过 1500℃的高温。这就使得返回舱被火焰包裹着，看起来像是一个巨大的火球。

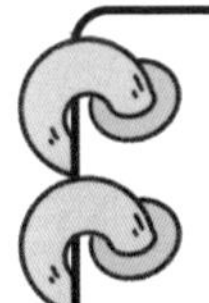

自由落体运动

物体在重力的作用下，从静止开始下落的运动，叫作自由落体运动。

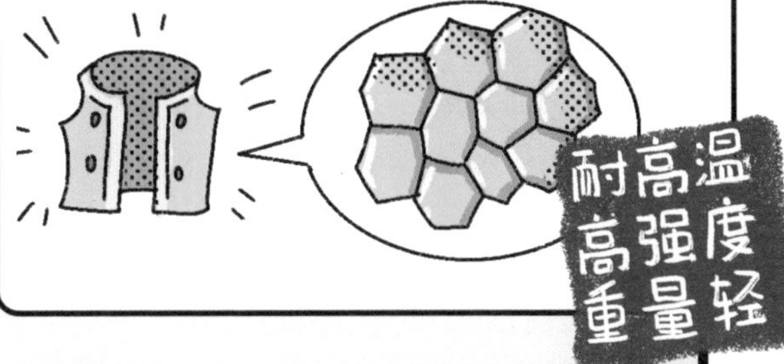

这种隔热材料在燃烧的过程中会熔化、蒸发和升华，从而带走大量的热量，保证舱内航天员的安全。有了这件“外衣”，航天器在3 000℃的高温下都烧不坏。

想象一下，夏天你拿一盆水往炙热的地面上一倒，水会在蒸发的同时带走热量，从而给地面降了温。

这跟神舟飞船的“隔热外衣”在高温环境下的表现有点儿像。

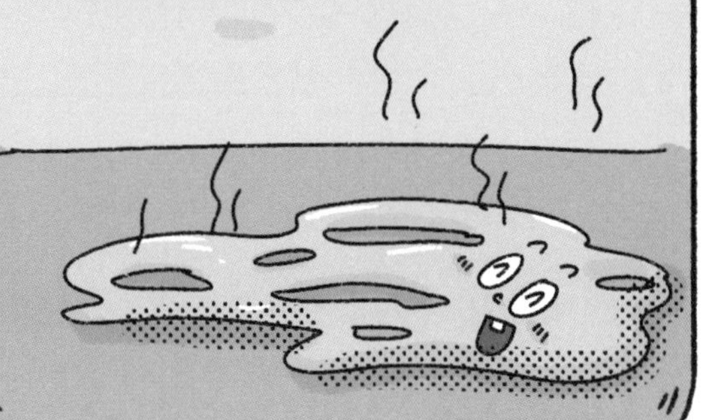

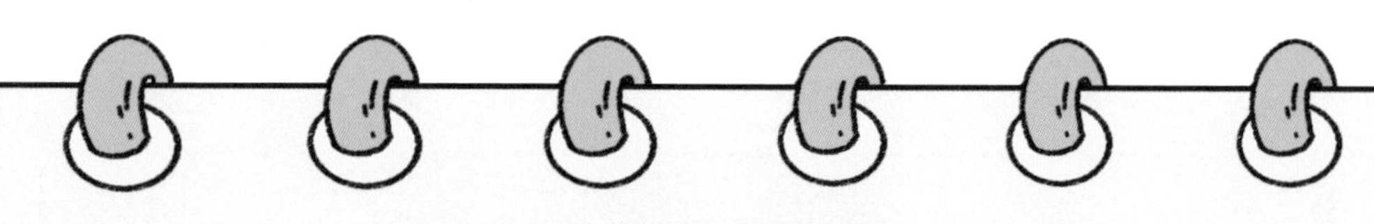

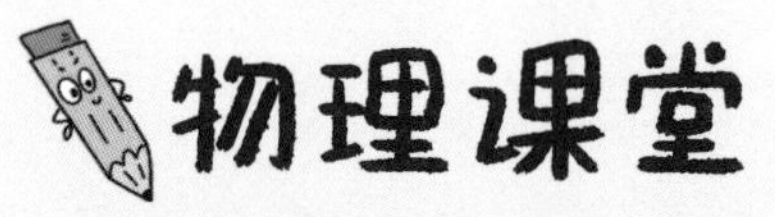

物质的三态变化

物质一般有三种状态，即固态、液态和气态。

这三种状态是可以相互转化的，在转化的过程中，有的会吸收热量，有的会放出热量。

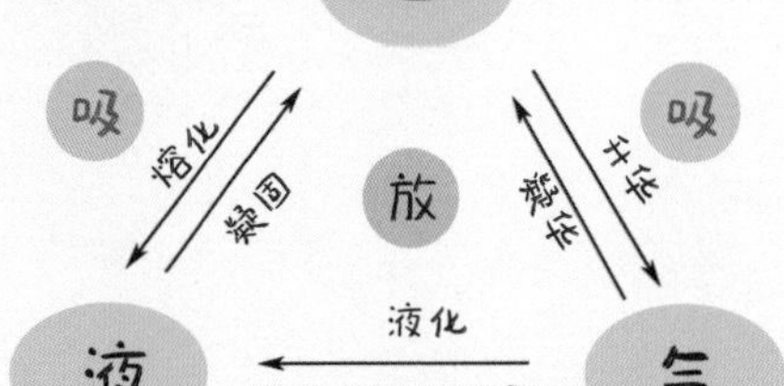

吸

吸收热量的物态变化有熔化、汽化和升华，其中汽化包括蒸发和沸腾。

放

放出热量的物态变化有凝固、液化和凝华。

科学小实验

如果用纸杯烧水，纸杯会着火吗？快去实验一下吧！

请务必在大人帮助下完成，以确保安全。

小朋友们，说一说在日常生活中有哪些吸热和放热的物态变化现象吧？
吸热
熔化
冰融化成水。
汽化
水沸腾。
擦拭酒精时，皮肤凉凉的。
升华
干冰升华冒气。
放热
凝固
冬季屋檐上的雪水凝固成冰锥。
液化
空气中的水蒸气遇冷饮瓶发生液化，在瓶壁上形成了一层小水珠。
凝华
冬季，室内水蒸气遇到温度极低的玻璃后，玻璃上会结霜。

神舟载人飞船是如何返回地面的？

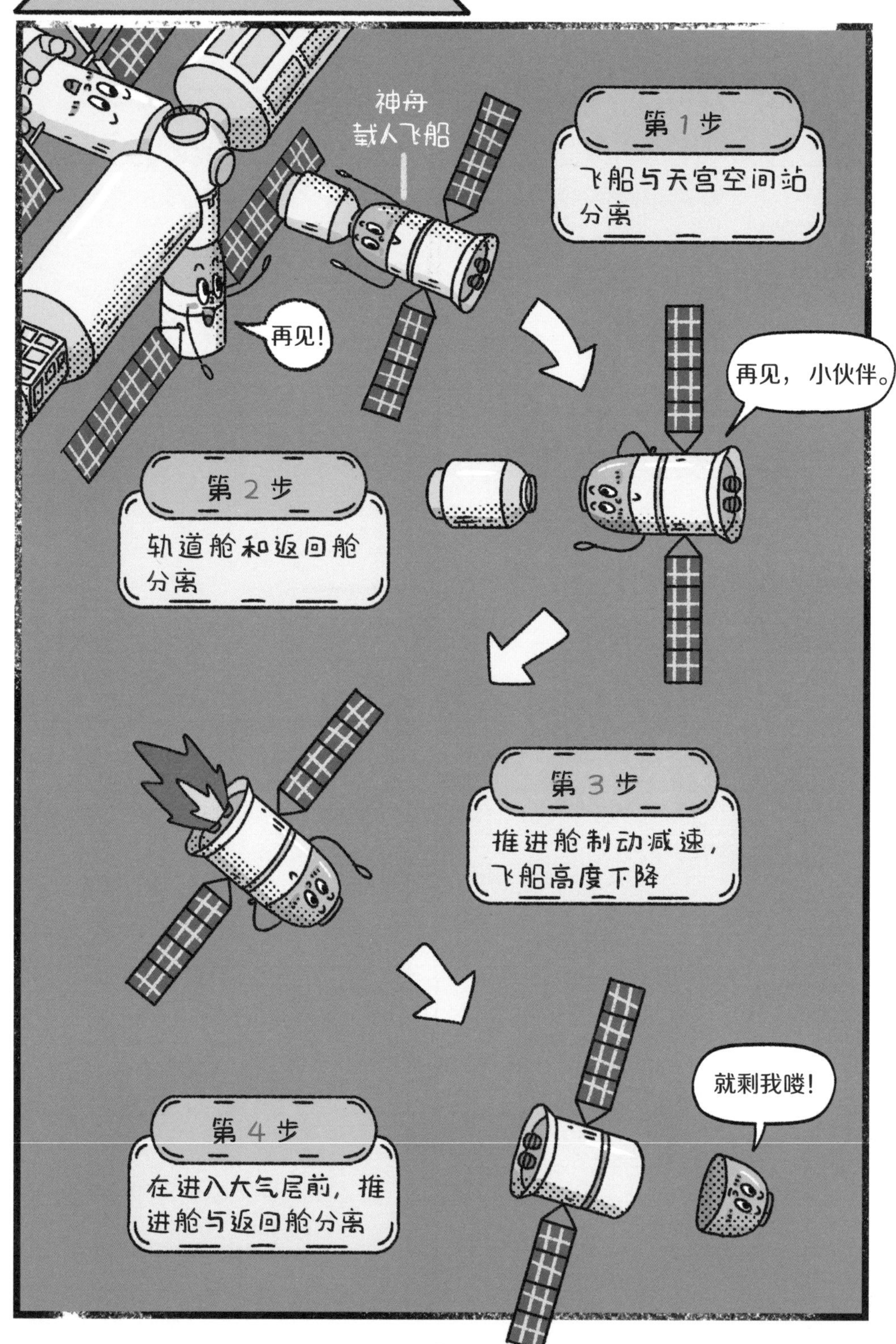

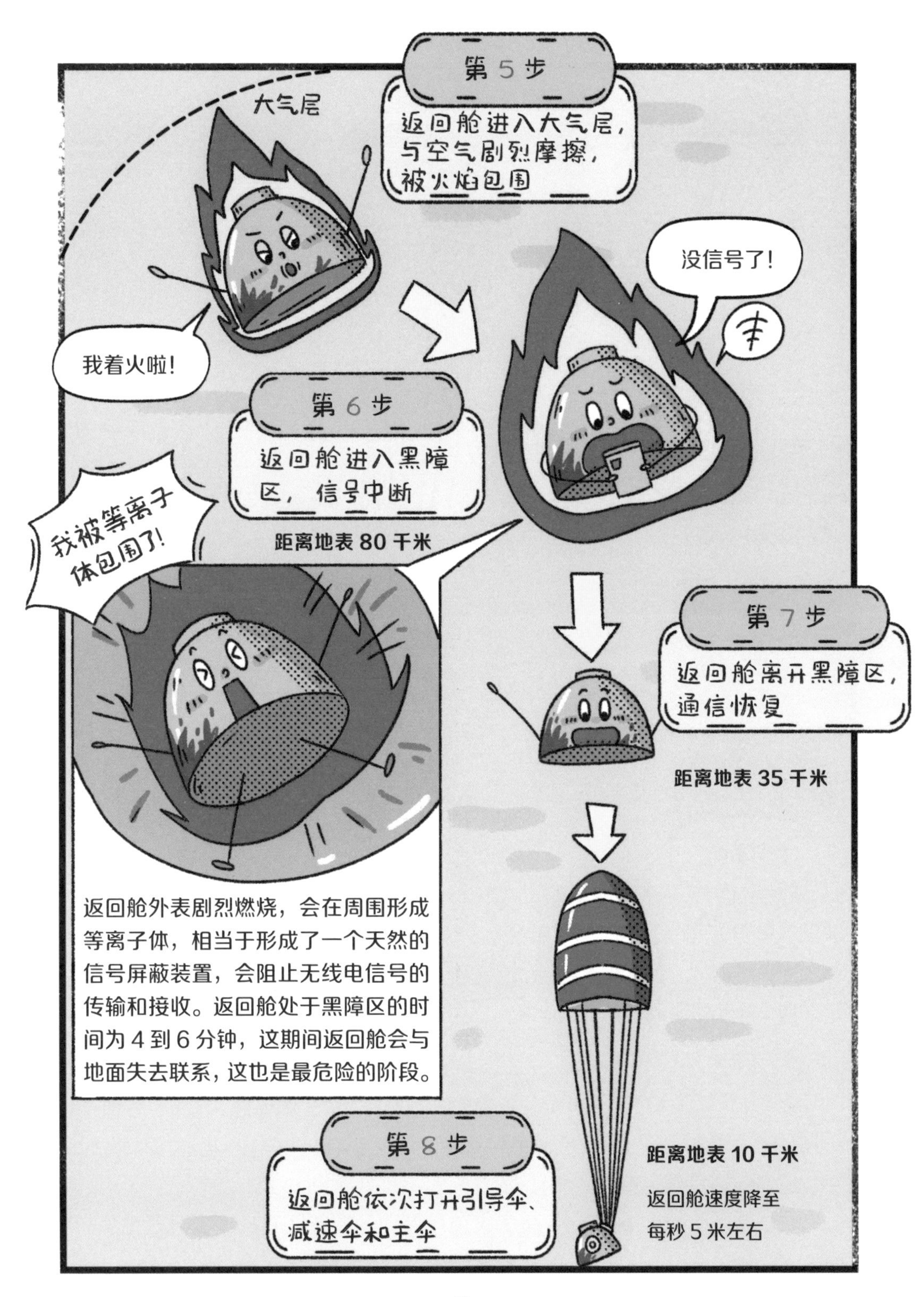
第 5 步
返回舱进入大气层，与空气剧烈摩擦，被火焰包围
大气层
我着火啦！
没信号了！
第 6 步
返回舱进入黑障区，信号中断
距离地表 80 千米
我被等离子体包围了！
返回舱外表剧烈燃烧，会在周围形成等离子体，相当于形成了一个天然的信号屏蔽装置，会阻止无线电信号的传输和接收。返回舱处于黑障区的时间为 4 到 6 分钟，这期间返回舱会与地面失去联系，这也是最危险的阶段。
第 7 步
返回舱离开黑障区，通信恢复
距离地表 35 千米
距离地表 10 千米
返回舱速度降至每秒 5 米左右
第 8 步
返回舱依次打开引导伞、减速伞和主伞

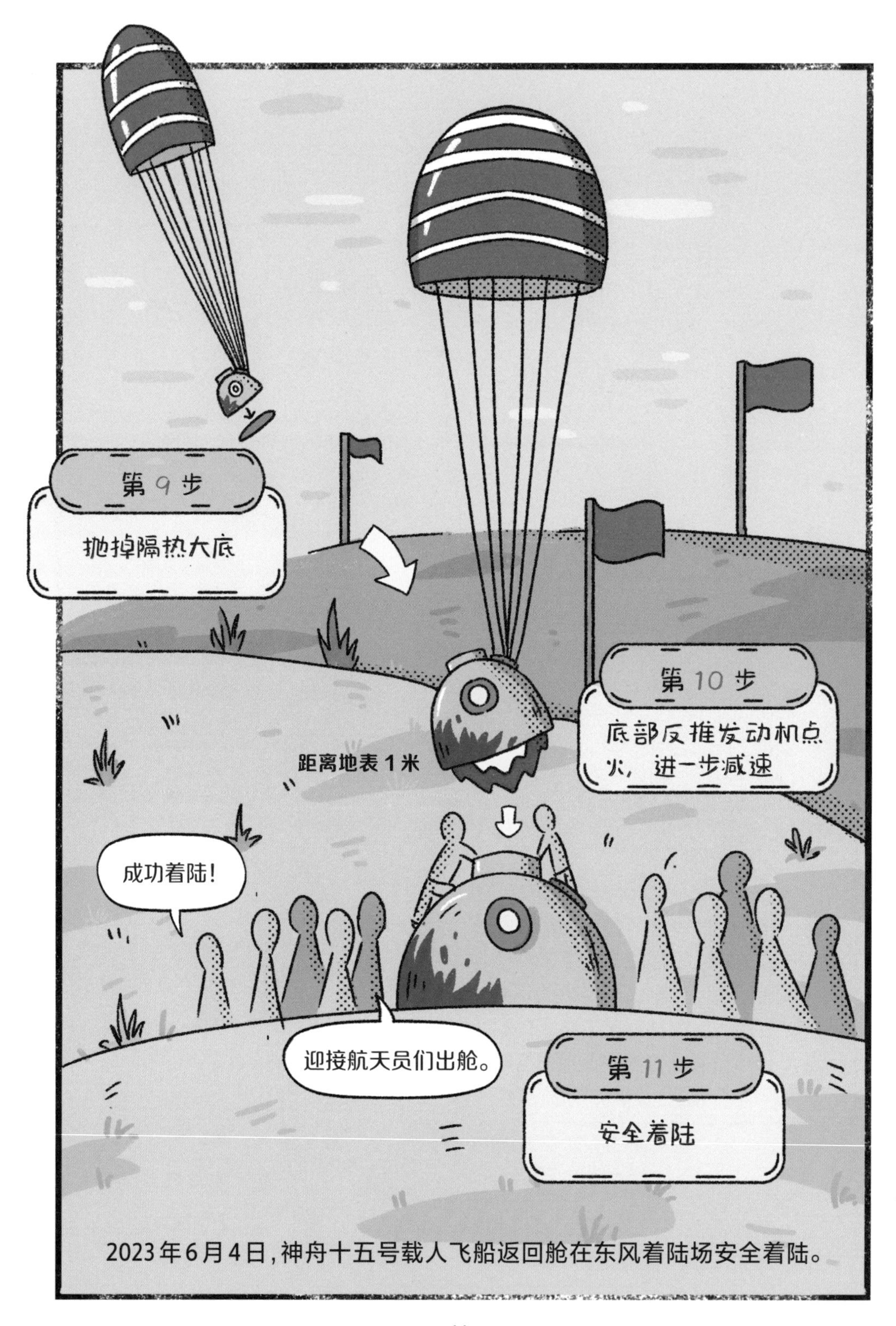
第9步
抛掉隔热大底
第10步
底部反推发动机点火，进一步减速
距离地表1米
成功着陆！
迎接航天员们出舱。
第11步
安全着陆
2023年6月4日，神舟十五号载人飞船返回舱在东风着陆场安全着陆。

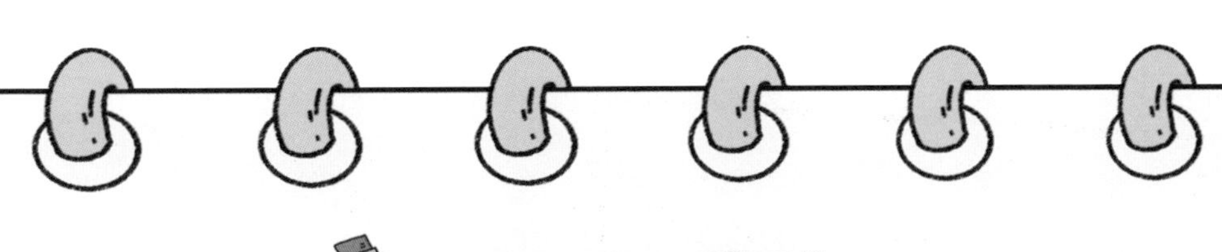

物理课堂

物质的第四种状态

除了固态、液态和气态外，物质还有第四种状态——等离子体。

比如一块固体冰被加热，就会融化变成液体水，继续加热，就会变成气体，当温度继续升高时，气体中的分子和原子就会被电离，形成由自由电子、离子和中性粒子组成的混合体，这就是等离子体。

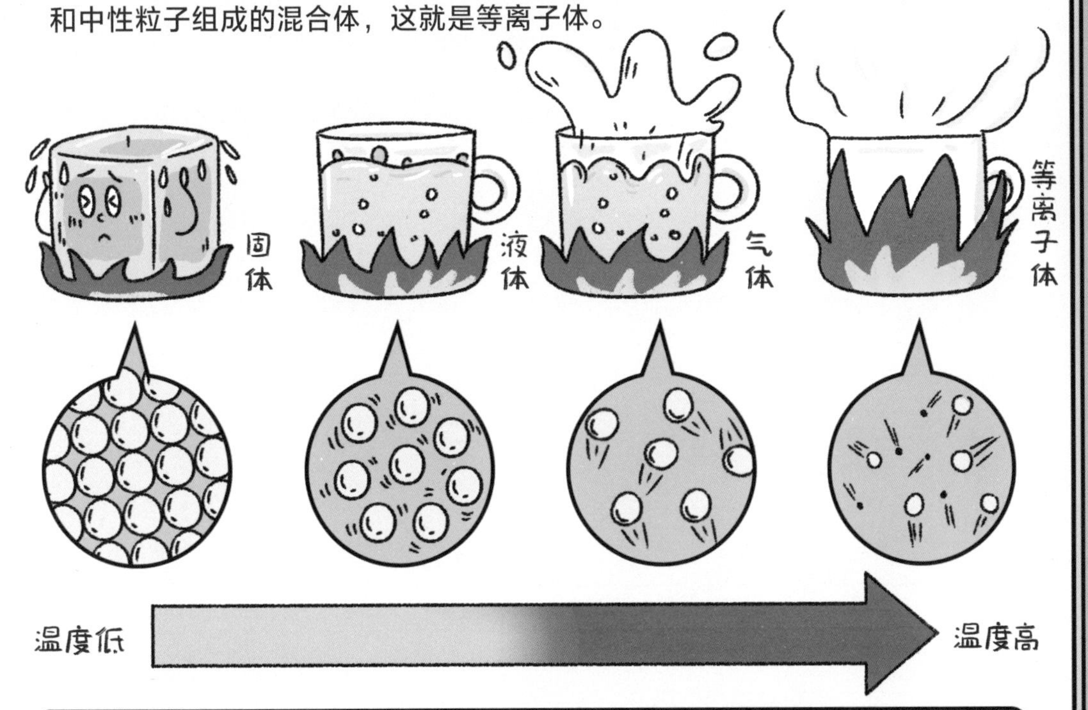

在自然界里，闪电、极光、高温火焰和太阳之中都存在等离子体。

等离子体具备高能量、高温度和高电导性的特点。

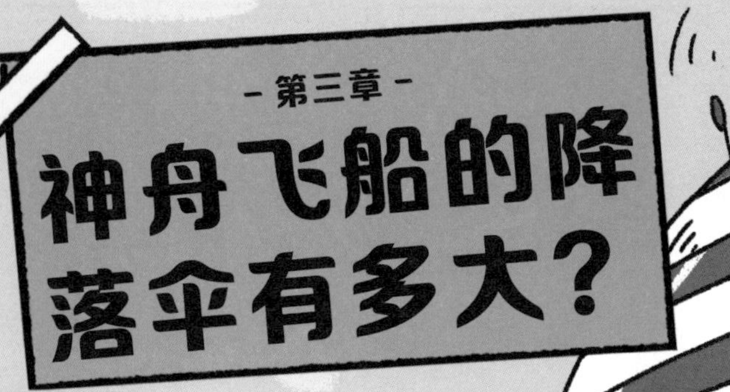

- 第三章 -

神舟飞船的降落伞有多大？

为了引人注目，降落伞被设计成红白相间的颜色，非常显眼，在很远的地方就能被看到。

伞绳

长度： 约 40 米

数量： 96 根

直径： 2.5 毫米，比鞋带还要细

承重： 每根伞绳能承受约 300 千克的重量

降落伞的位置

降落伞被安装在返回舱的顶部圆形装置里。返回舱在距离地面 10 千米时会自动弹开伞舱盖，拉出降落伞，以降低速度。

降落伞是载人飞船返回地面的“保护伞”，关系着航天员的生命安全。

返回舱降落伞一共有三把，即引导伞、减速伞、主伞，在返回舱降落时要按照顺序依次拉出。
伞舱盖
1. 引导伞
距离地面大约 10 千米时，返回舱自动弹开伞舱盖，拉出引导伞
2. 减速伞
由引导伞拉出减速伞，使返回舱的下降速度从每秒 200 米左右降至每秒 80 米左右
3. 主伞
减速伞与返回舱分离，同时拉出主伞，返回舱的下降速度降至每秒 6 ~ 8 米
返回舱
主伞不能一下子全打开!
这是因为打开主伞时，返回舱的下降速度仍然很快，如果面积巨大的主伞被完全打开，会在瞬间灌入太多空气，导致主伞被冲爆。所以要先依靠收口装置使主伞处于收口状态，数秒后再解除，直至完全张开。
缓慢打开
不然就会被冲爆!

世界上第一个在太空飞行中牺牲的人

1967 年 4 月 24 日，苏联宇航员弗拉基米尔 · 科马洛夫驾驶的联盟 1 号宇宙飞船在返回地球的过程中，因为降落伞缠绕，无法打开，最终坠毁。

神舟飞船返回舱里还准备了一个备用降落伞，它的面积只有主降落伞的三分之一。一旦主降落伞发生故障，这个备用降落伞也能保证返回舱安全降落。

神舟飞船的发射日志

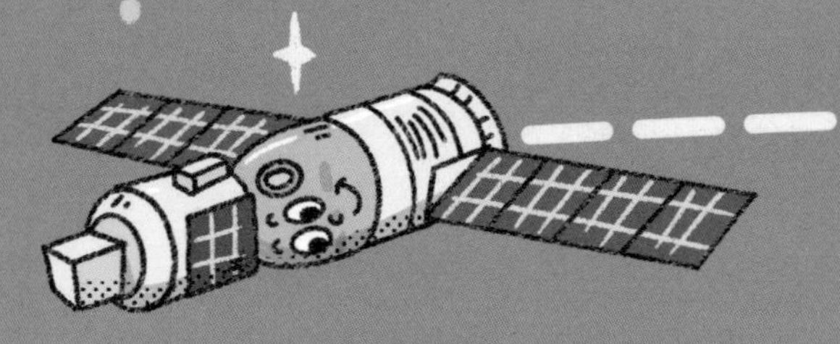

神舟一号（中国第一艘无人试验飞船）

· 1999 年 11 月 20 日—1999 年 11 月 21 日

· 飞行约 21 小时

神舟二号（中国第一艘正样无人飞船）

· 2001 年 1 月 10 日—2001 年 1 月 16 日

· 飞行约 6 天 18 小时

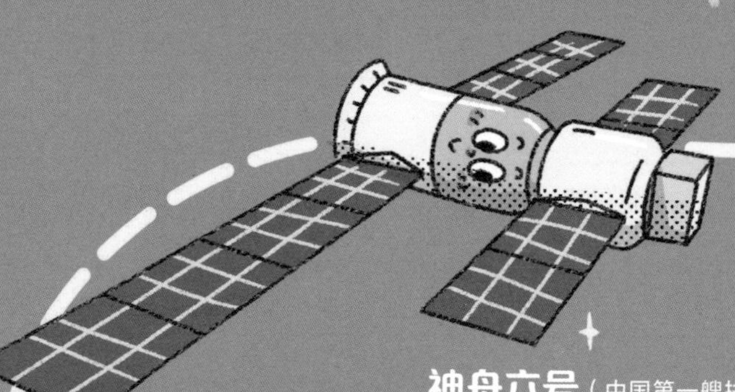

神舟六号（中国第一艘执行多人多天飞行任务的飞船）

· 2005 年 10 月 12 日—2005 年 10 月 17 日

· 飞行约 4 天 19 小时

· 航天员：费俊龙、聂海胜

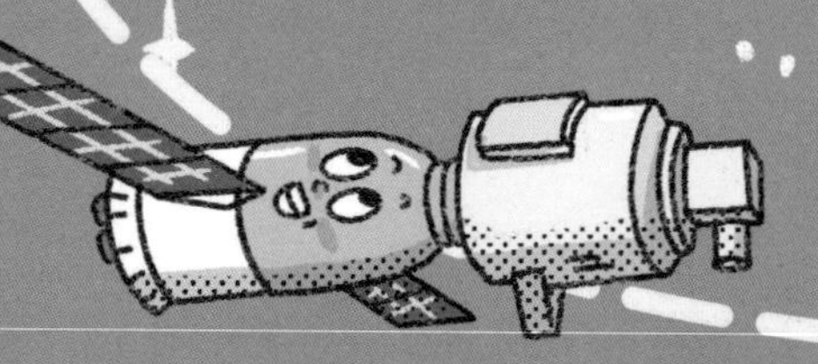

神舟七号（中国人第一次进行太空行走）

· 2008 年 9 月 25 日—2008 年 9 月 28 日

· 飞行约 2 天 20 小时

· 航天员：翟志刚、刘伯明、景海鹏

神舟三号（中国第一艘搭载模拟人的飞船）

· 2002 年 3 月 25 日—2002 年 4 月 1 日

· 飞行约 6 天 18 小时

神舟四号

· 2002 年 12 月 30 日—2003 年 1 月 5 日

· 飞行约 6 天 18 小时

神舟五号（中国第一艘载人飞船）

中国成为世界上继苏联、美国之后第三个独立掌握载人航天技术的国家。

· 2003 年 10 月 15 日—2003 年 10 月 16 日

· 飞行约 21 小时 23 分

· 航天员：杨利伟

神舟八号（中国第一次完成空间交会对接任务）

· 2011 年 11 月 1 日—2011 年 11 月 17 日

· 飞行约 16 天 13 小时

神舟九号（中国首位女性航天员刘洋进入太空）

· 2012 年 6 月 16 日—2012 年 6 月 29 日

· 飞行约 12 天 15 小时

· 航天员：景海鹏、刘旺、刘洋

神舟十号（中国第一次太空授课）

· 2013 年 6 月 11 日—2013 年 6 月 26 日
· 飞行约 14 天 14 小时
· 航天员：聂海胜、张晓光、王亚平

神舟十一号

完成与天宫二号的交会对接，为中国空间站建造、运营和航天员的长期驻留奠定了基础。

· 2016 年 10 月 17 日—2016 年 11 月 18 日
· 飞行约 32 天 6 小时
· 航天员：景海鹏、陈冬

神舟十五号（中国航天员第一次太空会师）

· 2022 年 11 月 29 日—2023 年 6 月 4 日
· 飞行约 188 天
· 航天员：费俊龙、邓清明、张陆

神舟十四号

与地面配合完成空间站在轨组装，航天员首次进入问天、梦天实验舱。

· 2022 年 6 月 5 日—2022 年 12 月 4 日
· 飞行约 183 天
· 航天员：陈冬、刘洋、蔡旭哲

神舟十六号

中国空间站进入应用与发展阶段，航天员乘组在轨工作安排将趋于常态化。

· 2023 年 5 月 30 日—2023 年 10 月 31 日
· 飞行约 155 天
· 航天员：景海鹏、朱杨柱、桂海潮

神舟十二号（中国空间站建造阶段首次载人飞行任务）

· 2021 年 6 月 17 日—2021 年 9 月 17 日

· 飞行约 93 天

· 航天员：聂海胜、刘伯明、汤洪波

神舟十三号（中国女性航天员第一次进行太空行走）

· 2021 年 10 月 16 日—2022 年 4 月 16 日

· 飞行约 183 天

· 航天员：翟志刚、王亚平、叶光富

神舟十七号

· 2023 年 10 月 26 日—2024 年 4 月 30 日

· 飞行约 187 天

· 航天员：汤洪波、唐胜杰、江新林

神舟十八号（在轨飞行）

· 2024 年 4 月 25 日至今

· 航天员：叶光富、李聪、李广苏

自 2003 年 10 月 15 日神舟五号载人飞船成功发射以来，我国已发射了 13 艘载人飞船，将 22 名航天员、35 人次送上太空，任务成功率 100%。

-第四章-
航天员返回地球后，
为什么要被抬着走？
回到祖国的怀抱很踏实，很安心！
航天员返回地球后，为什么都要被抬着走？
难道航天员们的身体不舒服？

不用担心，航天员是因为以下几个原因才需要坐着。

1. 贸然站立会骨折

研究数据显示，航天员在太空期间，平均每个月的骨密度会下降 1% ~ 1.5%。一旦航天员返回地球后，受到重力的作用，脆弱的骨骼可能无法支撑自身的体重，很容易骨折。

2. 贸然站立会晕倒

在太空微重力环境下，人体体液会重新分布，血液集中在头部和上肢。航天员返回地球后，受到重力的作用，血液大幅流向下肢，可能会导致短时间内脑部供血不足，引发眩晕、晕厥等情况。

因此，为了保护航天员的安全和健康，航天员出舱后都采取坐姿，被别人抬着走。

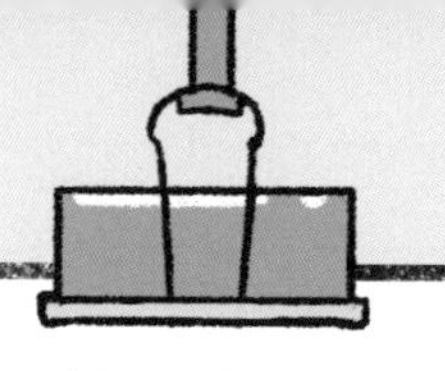
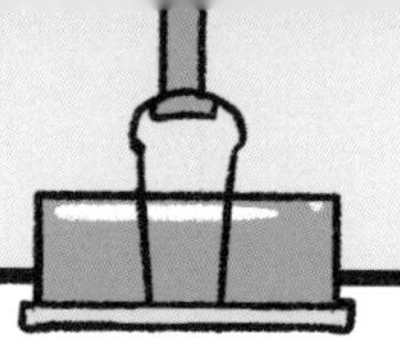

人体骨骼

骨骼是人体的支架，它非常坚硬，比大部分的石头都要硬！

弹性与韧性

骨骼中的有机物宛如钢筋一样，组成网状结构，有层次地紧密排列，让骨骼具有弹性与韧性。

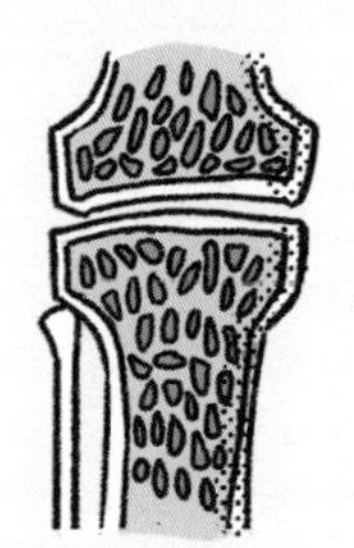

硬度和坚固性

骨骼中的无机物，特别是钙与磷会紧密地填充在有机物的网状结构中，像钢筋水泥中的水泥一样，使骨骼具有相当的硬度与坚固性。

我们一定要保持骨骼健康，通过合理的饮食摄入充足的钙质，经常晒太阳，养成良好的运动习惯，保持骨骼强壮，预防骨质疏松。

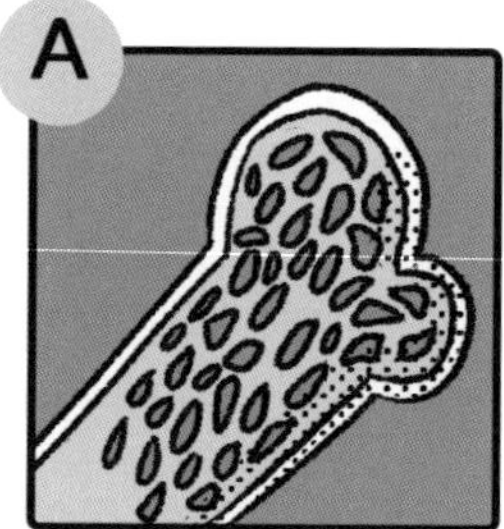

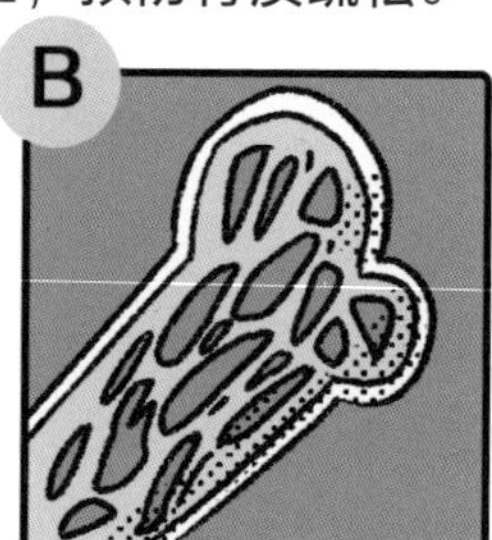

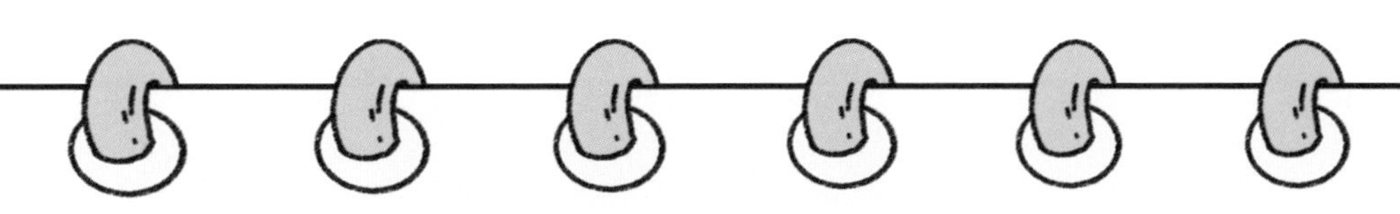

物理课堂

失重是一种怎样的感觉？

小朋友，你有没有玩过过山车？那种感觉就像是你的心脏快要从身体里飞出去一样，非常刺激，惊心动魄。

什么是失重呢？

物体对支持物的压力小于物体所受重力的现象叫作失重。常见出现失重现象的场景有飞机降落、蹦极、航天员在空间站里飘浮等。

飞机降落

蹦极

在空间站内飘浮

物理小实验

用一个水瓶理解失重现象

看！塑料瓶里的水正从小孔中流出来。此时撒开手让塑料瓶自由下落，水还会继续流吗？

当塑料瓶自由下落时，水会立即停止流出。这是因为正在自由下落的水处于失重状态，不再对瓶壁产生压力，所以就不会流出来了。

物体在做自由落体运动的过程中，只受到重力作用，而没有受到其他支撑力或拉力，因而处于失重状态。

物理大实验

用一个电梯感受失重现象

当电梯静止不动时，人站在电梯里，受到的支撑力和重力相等。

电梯加速下降时，站在体重秤上的你会发现上面显示的读数变小了，这是因为你受到的支撑力小于重力，此时，你感受到的就是失重状态。

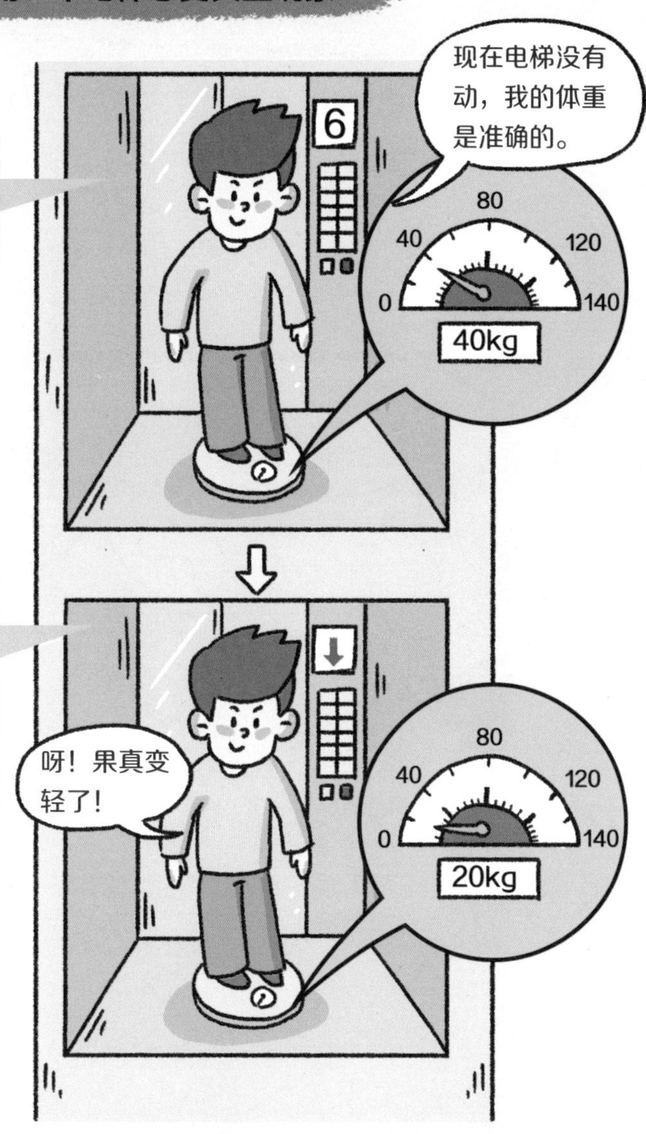

失重现象的本质是“视重”发生改变，当“视重”小于“实重”时，叫作失重。

人站在体重秤上，体重秤显示的读数被称为视重。

- 第五章 -
飞船只能载人吗？
除了载人飞船，还有专门载货的飞船。
在地面上，我们购买食品和生活用品可以在网上下单，由快递员送到我们手上。
嘀
到了太空，就需要我出马了。
货
我是太空快递员——天舟货运飞船。
棒！
天舟货运飞船会携带水、食物及生活用品送到空间站，还可以给空间站补加燃料。

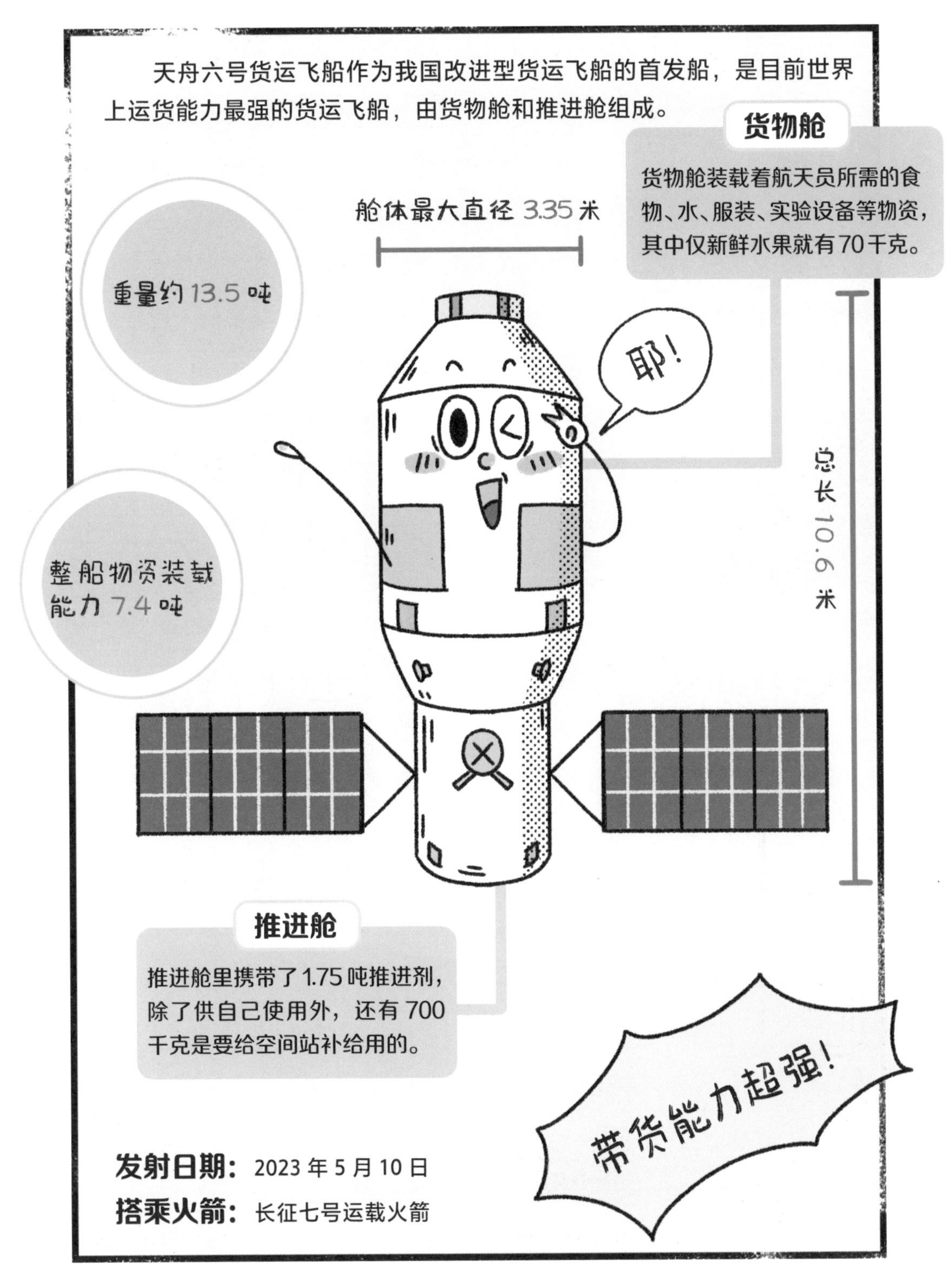
天舟六号货运飞船作为我国改进型货运飞船的首发船，是目前世界上运货能力最强的货运飞船，由货物舱和推进舱组成。
货物舱
货物舱装载着航天员所需的食物、水、服装、实验设备等物资，其中仅新鲜水果就有70千克。
舱体最大直径 3.35 米
重量约 13.5 吨
耶！
总长 10.6 米
整船物资装载能力 7.4 吨
推进舱
推进舱里携带了1.75吨推进剂，除了供自己使用外，还有700千克是要给空间站补给用的。
带货能力超强！
发射日期：2023年5月10日
搭乘火箭：长征七号运载火箭

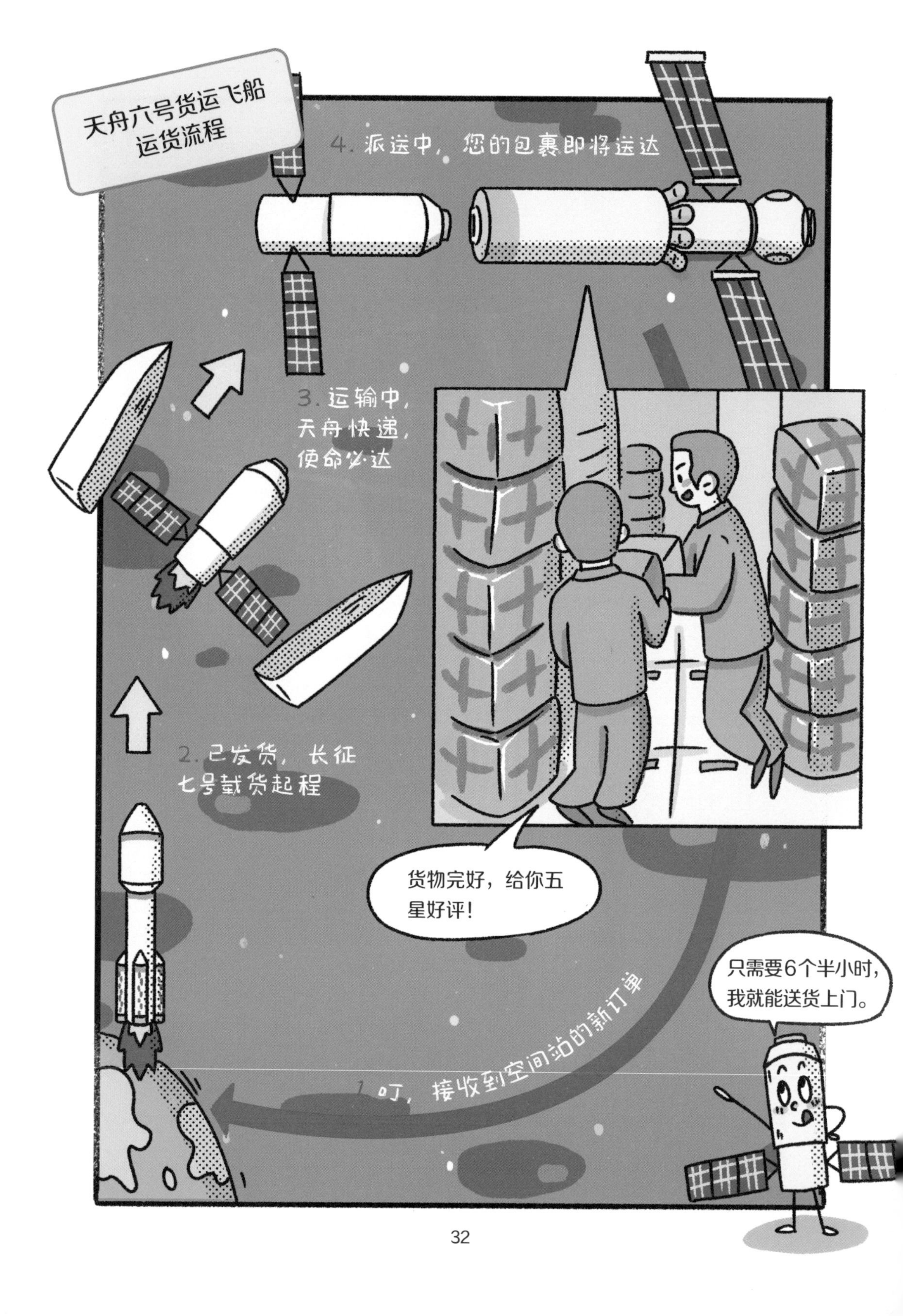

天舟六号货运飞船运货流程
4. 派送中，您的包裹即将送达
3. 运输中，天舟快递，使命必达
2. 已发货，长征七号载货起程
1. 叮，接收到空间站的新订单
货物完好，给你五星好评！
只需要6个半小时，我就能送货上门。

天舟、神舟，有何不同？

	天舟货运飞船	神舟载人飞船
用途	将航天员所需的物资送至空间站，离开时带走空间站的垃圾，再入大气层时烧蚀销毁 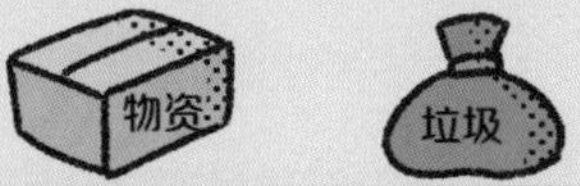 物资 垃圾	将航天员送入太空并带其安全返回地面 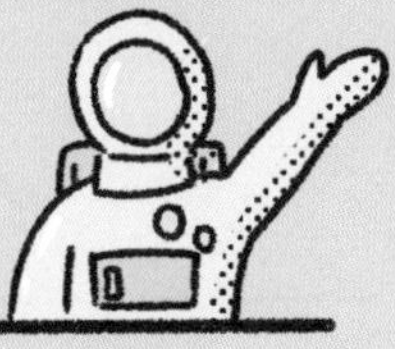
构型	两舱 货物舱 推进舱 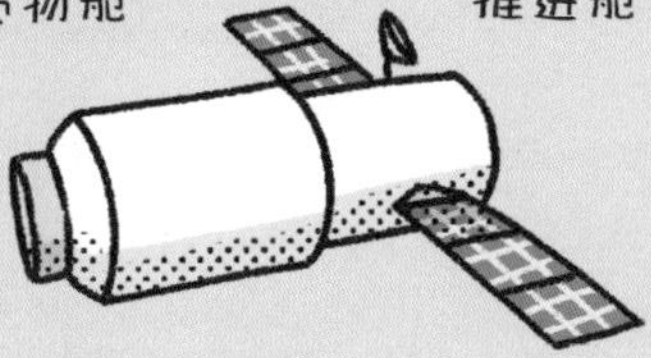	三舱 推进舱 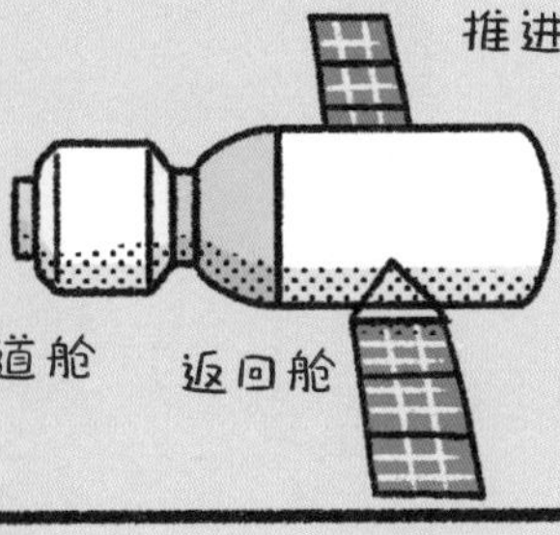 轨道舱 返回舱
发射地	海南 · 文昌	甘肃 · 酒泉
运输工具	长征七号运载火箭 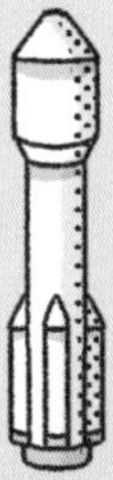	长征二号 F 运载火箭 
对接端口	对接天和核心舱的后向对接口	对接天和核心舱的前向、径向对接口

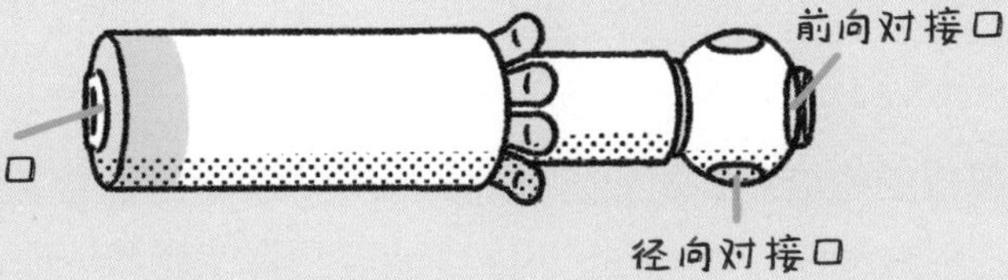

前向对接口
后向对接口
径向对接口

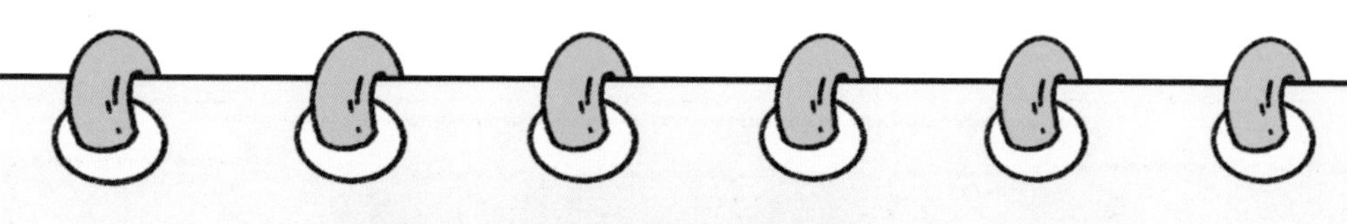

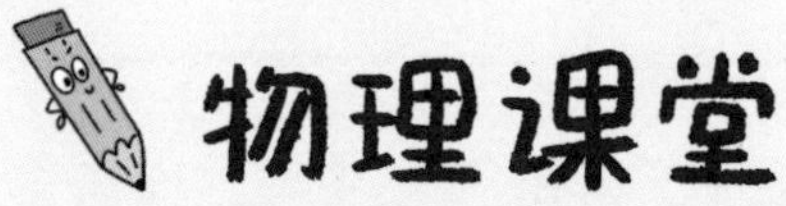

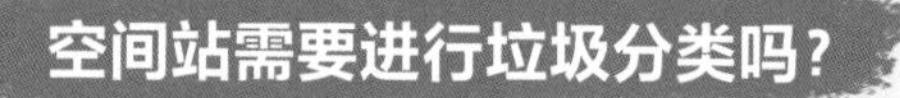

空间站里的垃圾需要按照危害等级进行分类处理。

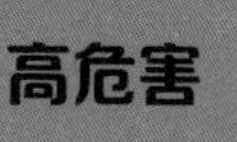

低危害

粪便　厨余垃圾　纸团　塑料

装袋后放入防腐剂

抽真空

厨余垃圾、粪便等高危害等级的垃圾需要添加防腐剂。

纸巾、塑料包装袋等普通垃圾可以直接放入垃圾袋，通过抽真空压缩体积，以便储存。

大气层
这些垃圾被打包装进货运飞船，与货运飞船一同烧毁于大气层内。

清洁神器——残渣收集器
不要跑！
航天员还有一个清洁神器——残渣收集器，它可以收集悬浮在空中的食物残渣、水珠等。这些碎屑一旦被航天员吸入肺中，会对航天员的身体造成危害。

- 第六章 -
载人登月都有哪些新装备？
月球
长征二号 F 运载火箭和神舟载人飞船可以将航天员送往空间站，那能不能将航天员送到我这里呢？
他们俩差不多每隔半年就要送一批航天员到我这儿。不过，要想送到月球还要再加把劲。
380 000 千米
天宫空间站
月球太远了，我们俩可飞不过去，这需要更大型的火箭和飞船！
400 千米
神舟载人飞船
长征二号 F 运载火箭

热烈欢迎新一代载人运载火箭和新一代载人飞船
大家好，接下来的任务就交给我们吧！
他们真能飞到月球吗？
哼，那个大块头也太壮了，或许真的可以吧。

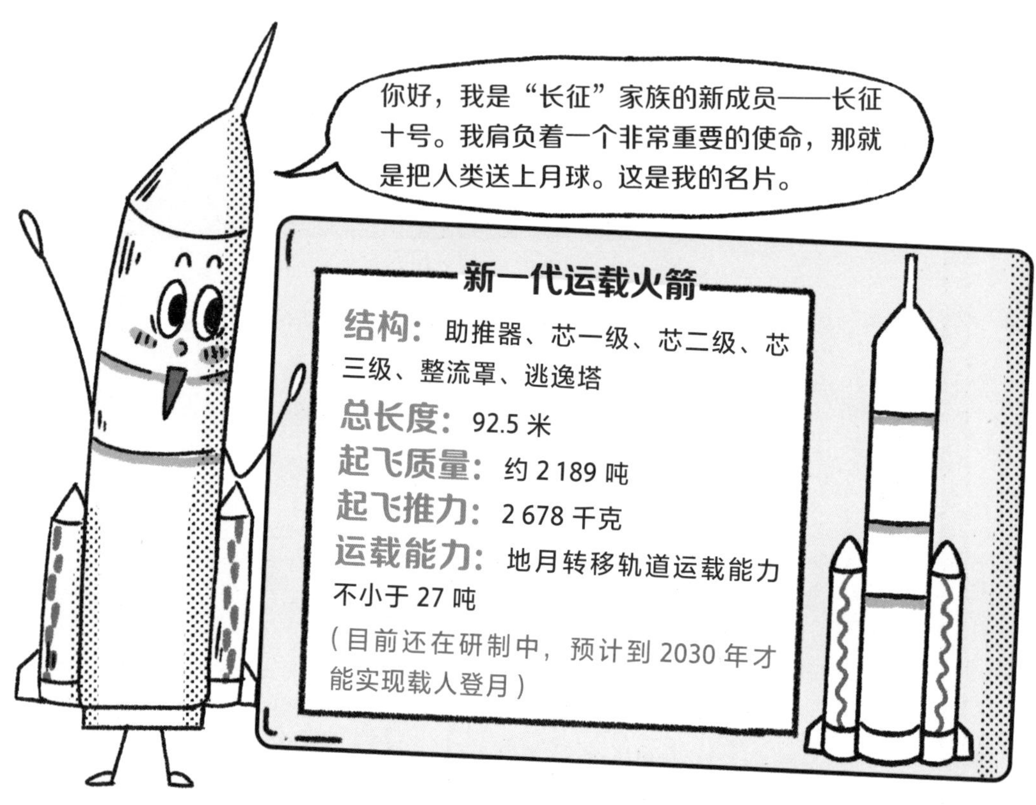
你好，我是“长征”家族的新成员——长征十号。我肩负着一个非常重要的使命，那就是把人类送上月球。这是我的名片。
新一代运载火箭
结构：助推器、芯一级、芯二级、芯三级、整流罩、逃逸塔
总长度：92.5 米
起飞质量：约 2 189 吨
起飞推力：2 678 千克
运载能力：地月转移轨道运载能力不小于 27 吨
（目前还在研制中，预计到 2030 年才能实现载人登月）

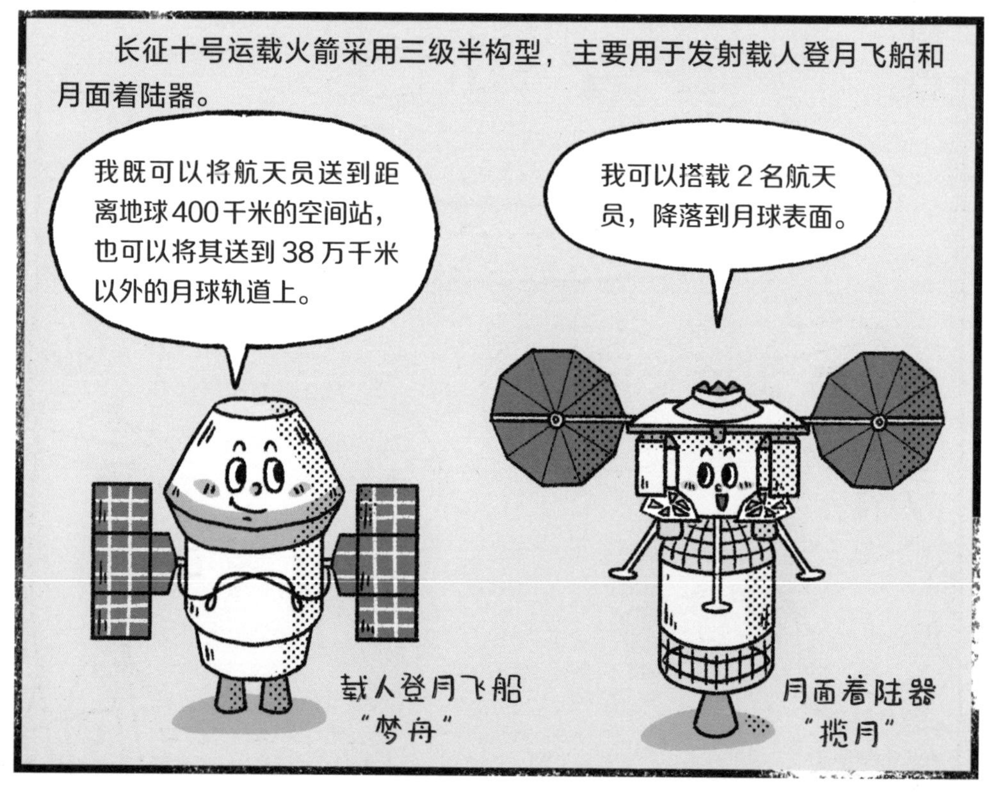
长征十号运载火箭采用三级半构型，主要用于发射载人登月飞船和月面着陆器。
我既可以将航天员送到距离地球400千米的空间站，也可以将其送到 38 万千米以外的月球轨道上。
我可以搭载 2 名航天员，降落到月球表面。
载人登月飞船“梦舟”
月面着陆器“揽月”

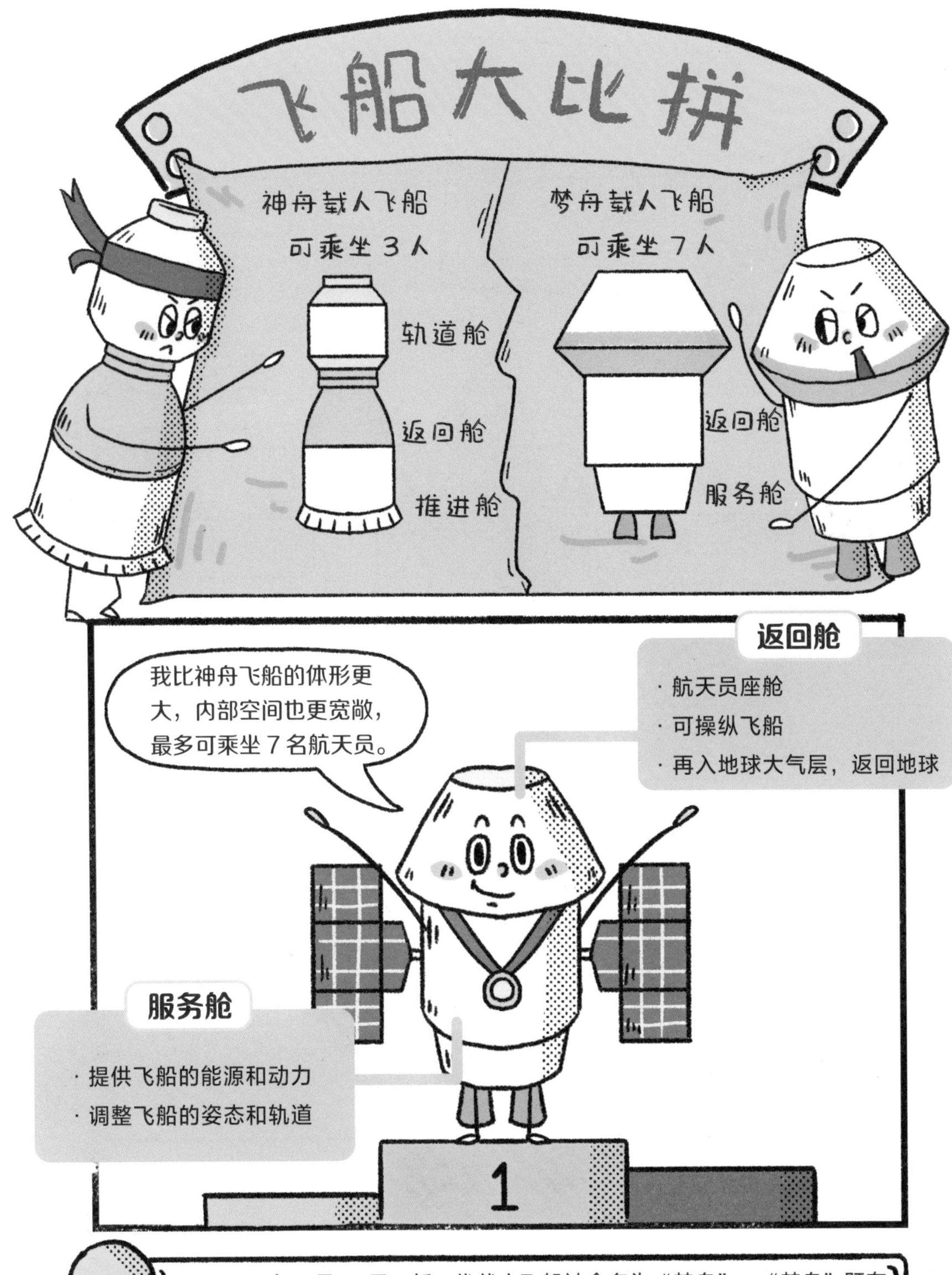

2024 年 2 月 24 日，新一代载人飞船被命名为“梦舟”。“梦舟”既有载人飞船承载中国航天梦的寓意，又体现了与神舟、天舟飞船家族的体系传承。

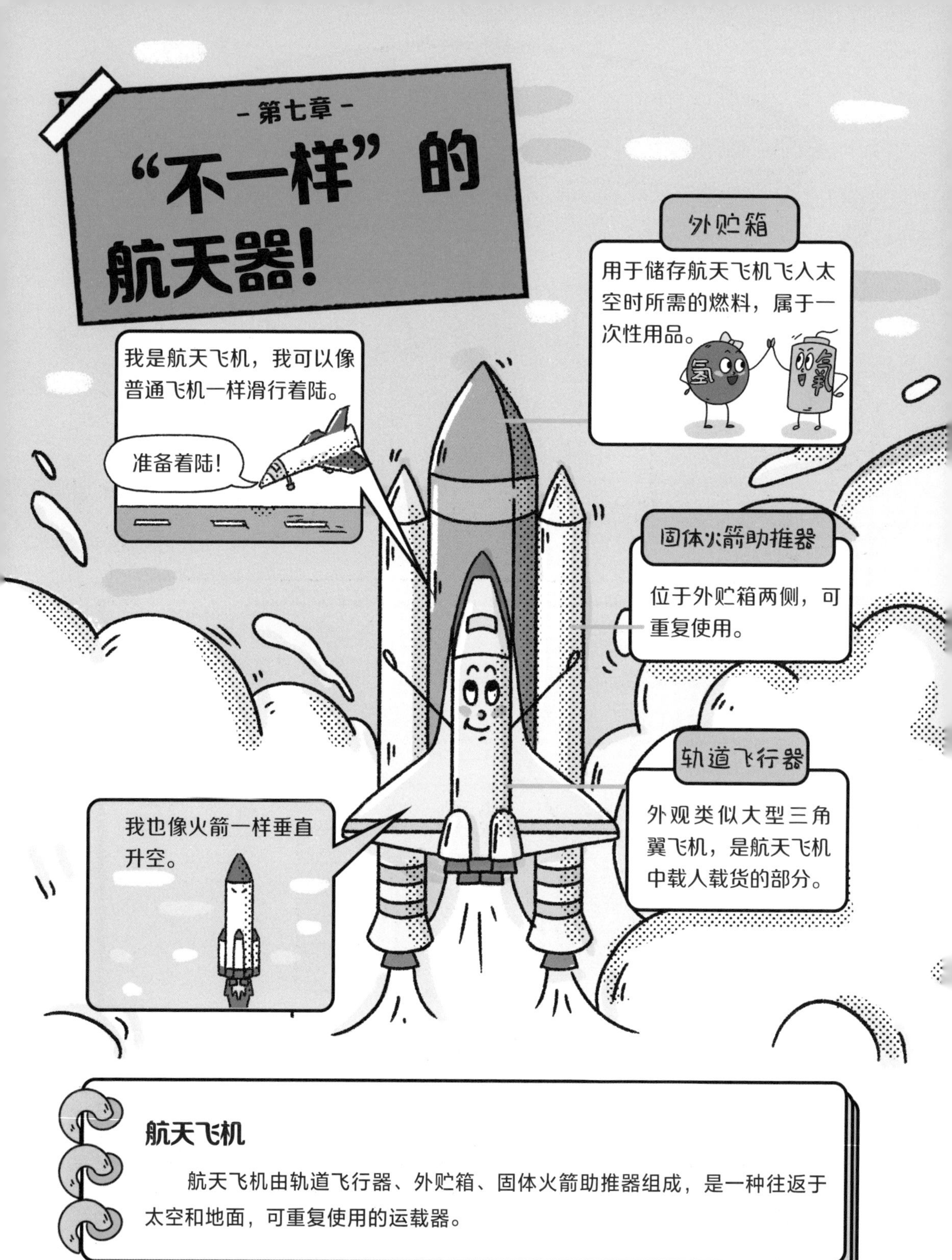

航天飞机

航天飞机由轨道飞行器、外贮箱、固体火箭助推器组成，是一种往返于太空和地面，可重复使用的运载器。

航天飞机的座舱可以承载7～8名宇航员进入太空。
3. 进入环绕地球轨道
启动OMS（轨道机动系统）发动机
一会儿我就被烧毁啦。
2. 外贮箱分离
大气层
航天飞机并不是真正意义上的飞机。在发射时，它像火箭一样，需要点火升空；在返回时，它则像飞机一样，可以滑翔降落。
1. 助推器分离

悲壮！两次航天飞机事故

1981-2011

航天飞机最早是由美国研发的，在美国服役了 30 年，共执行任务 135 次。直到 2011 年，随着亚特兰蒂斯号执行完最后一次航天任务，航天飞机的时代宣告结束。

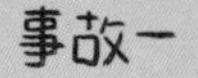

1986 年 1 月 28 日，美国挑战者号航天飞机起飞后爆炸，7 名宇航员全部牺牲。

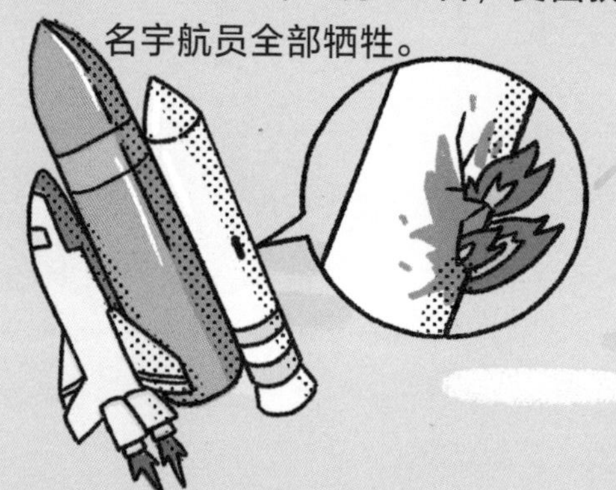

助推器的一个 O 形密封圈由于低温变形失效产生裂纹，导致燃料泄漏，航天飞机凌空爆炸。

事故二

2003 年 2 月 1 日，美国哥伦比亚号航天飞机在返回时解体，7 名宇航员失去了生命。

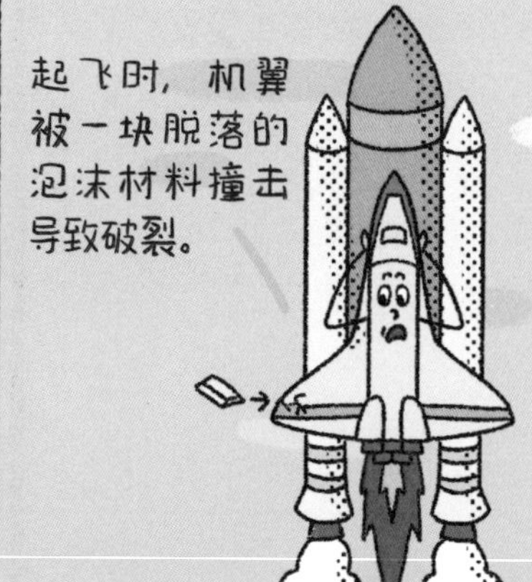

返回过程中机翼破裂处隔热失效，导致航天飞机爆炸。

两次事故说明了航天飞机在安全性上存在缺陷，这也是航天飞机退役的主要原因之一。

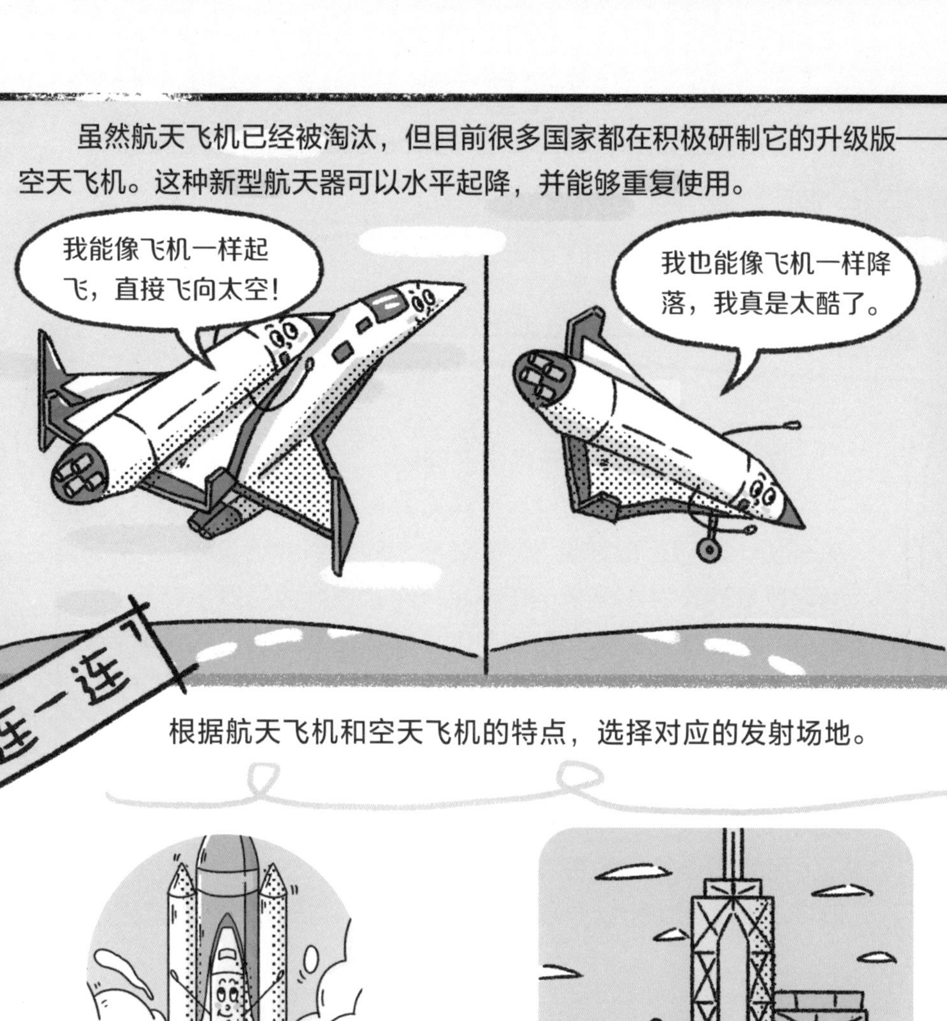

连一连

根据航天飞机和空天飞机的特点，选择对应的发射场地。

航天飞机

发射台

空天飞机

跑道

飞船科普小问答

大鹏哥哥，为什么飞船返回地球时会燃烧，而发射升空时却不会？

你观察得很仔细。有两个原因哟！

首先，飞船在升空过程中速度并没有想象中那么快。当它距离地面 80 千米左右时，它的速度也只有每秒 4 ~ 5 千米，还不足以与大气摩擦后发生燃烧反应。而且越往高飞，虽然速度变快，但周围的大气也变得更加稀薄，所以不会因为摩擦而导致外壳燃烧。

但是，飞船返回地球的时候，其实是在做自由落体运动，所以进入大气层时的速度非常快，飞船外壳与越发稠密的大气发生了剧烈的摩擦，于是燃烧起来。

另外，飞船一般是以垂直形态升空的，这样就能更快地穿过大气层。所以，它与大气层的接触时间并不多。

大鹏哥哥，在未来，我们的航天员要怎么登月？

根据计划，我国将在 2030 年前实现中国人登陆月球的梦想。登月的过程大体上可分为四步：

1. 使用两枚新一代载人火箭将月面着陆器和载人飞船分别发射到环月轨道，进行交会对接，航天员从载人飞船进入月面着陆器。

2. 月面着陆器与飞船分离，并在月面实现软着陆。航天员出舱，在月面进行样品采集和科学实验活动。

3. 完成任务后，航天员乘坐月面着陆器上升到环月轨道，月面着陆器与飞船再次进行交会对接，航天员进入飞船。

4. 飞船与月面着陆器分离，携带航天员返回地球。

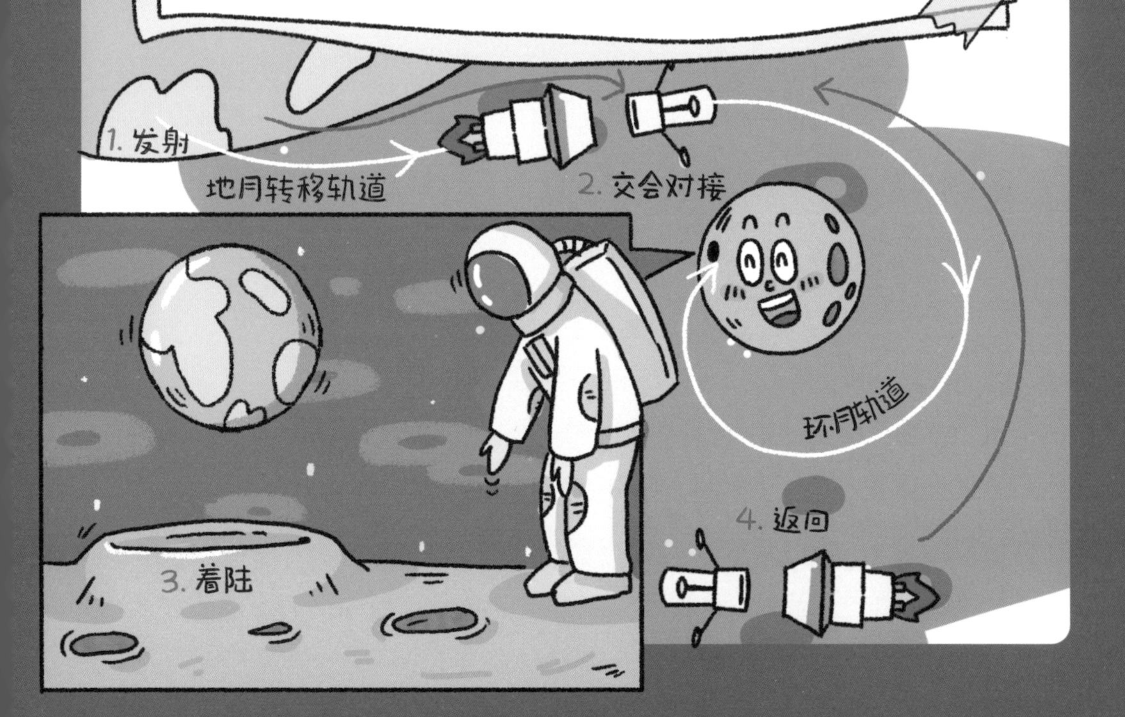

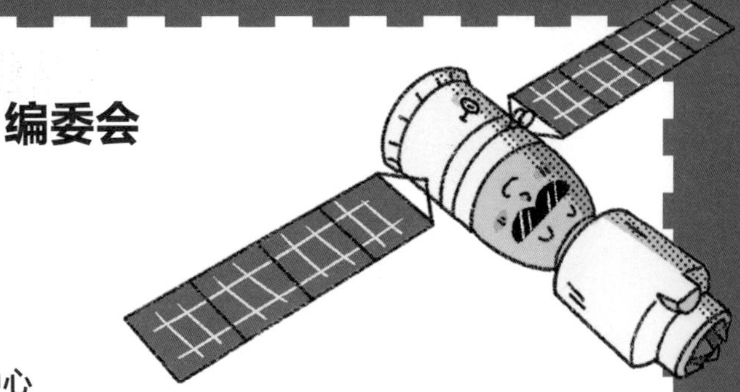

编委会

审订组织

中国航天科工二院天剑人才发展中心

中国航天科工二院天剑人才发展中心是以二院党校（二院教育培训中心）、研究生院、新立技校三家培训机构为基础整合而成的综合性教育培训机构，秉承“育人为本，服务航天”的发展理念，提供航天事业人才培养全体系赋能和培训、研究、咨询、宣教一站式服务，是中国航天科工集团高素质、创新型、综合型人才培养的重要力量之一，为航天事业发展提供有力的智力支持和人才保障。依托深厚的专业背景，策划一系列独具特色的航天科普活动，开发专业的航天科普课程，用航天精神感染青少年，用航天事业鼓舞青少年，助力他们实现航天梦想。

顾 问

于本水 中国工程院院士

黄培康 中国工程院院士

编委会主任

夏　凓 中国航天科工二院天剑人才发展中心常务副主任

编委会副主任

刘　鑫 中国航天科工二院天剑人才发展中心副主任

孙琳琳 中国航天科工二院天剑人才发展中心副主任

其他成员

詹少博　杨　洋　赵崧成　叶婧瑜　高　幸　陈哲昊　曲舒扬　崔　瑶